有趣的地理知识又增加了

这就是火山

郑利强 / 主编　蔡志燕 / 著　段虹 梁顺子 杨洁 / 绘

电子工业出版社
Publishing House of Electronics Industry
北京·BEIJING

前言

　　《有趣的地理知识又增加了》丛书为地理科普读物，面向儿童介绍了地图、山脉、地形、地震、河流、火山、方位与方向等地理相关知识，插图精美、内容丰富，逻辑性强。该套丛书深入浅出，以儿童的视知觉为基点，充满童趣的漫画角色将枯燥、深奥的地理学科专业知识架构逐一呈现，循序渐进。此外，书中以游戏提问的方式，引导儿童带着问题阅读，具有较强的启发性，利于小读者增加对地理学科的兴趣，提升其自学能力及探索精神，这是一套非常适合学龄儿童的科普游戏读本。

西南大学 地理科学学院教授 **杨平恒**

你一定见过物理化学的实验，但你听说过用地理知识来做的游戏吗？这也我第一次见到，有人居然将有趣的游戏与地理知识巧妙地融合在一起。作者大胆的奇思妙想结合有趣的画风，把平时看似枯燥的地理知识用一个接一个的小游戏表达出来，让人看过之后，欲罢不能。本书真正从儿童互动式的游戏角度，完成了地理这门通识类学科从高高在上的学科知识到儿童启蒙的真正跨越，令人大开眼界。从一个读者的角度来看，不得叹服作者的神来之笔。是一套值得推荐给小朋友的真正佳作。

全网百万粉丝地理学习短视频博主
"小郭老师讲地理"创作者 郭帅

地理学是一门包罗万象的学科。日月星辰、风雨雷电、江河湖海、山石水土……我们身边的各种自然现象与环境，都是地理学所关注的对象，也都和我们的生活密不可分。《有趣的地理知识又增加了》系列共八册，对8个最具代表性的地理主题进行了有趣而深入的解读。书中文字生动而准确，绘图精细而有趣，图文巧妙结合，将深奥的地理知识以最适合孩子的方式呈现出来。特别设计的问答环节更能激起孩子的求知欲与好奇心。相信这套书能带领小读者走进地理的世界，获得丰富的知识，掌握地理的技能，更享受到地理的趣味与探索未知的快乐。

山原猫探索联合创始人 北京四中原地理教师
朱岩

小步和他的朋友们

小伙伴们大家好！我是你们的老朋友——小步，我是一只很多人都看不出来的小青蛙，呱~

这是我们的班主任绵羊老师，她年轻又漂亮。

这是我们的猫头鹰老师，他睿智又博学。

这次我还带来了一些新朋友。以后我们可以一起去玩耍、游戏、探险！

大家好！我就是超级无敌可爱的龟宝宝，我的壳一点儿都不重，哈哈！不信，我转个圈给你们看。

嘿嘿，我就是无人不识、无人不爱的"国民宝贝"大熊猫，其实我一点儿都不肥，我健步如飞。

呃……到我了……我是考拉，我是从外国来的，我还有一个名字，叫树袋熊。我……我爱睡觉，不爱喝水，不过，这是不对的，你们……你们可别学我，嗯……很高兴认识你们。

哈哈，我是头上有犄角的小鹿呀，我今年8岁，是东北的，所以，没事儿别老瞅我。

大家好！我是黑夜精灵——蝙蝠大侠，我昼伏夜出，所以你们很少见到我，请珍惜和我见面的每一次机会吧，放心，我不会伤害你们的。

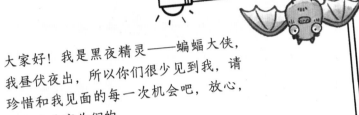

咳咳，你们好！我是站得高所以看得远的鸵鸟哥哥，请注意我的性别，我可不会下蛋，你们就别惦记啦。望远镜倒是可以借你们用用，先到先得哦！

大家好！我是小鳄鱼，你们不要怕，其实我也是一个宝宝，我虽然长得丑，但是我很"温柔"。我爷爷的爷爷的爷爷的爷爷的爷爷的爷爷……，就已经在地球上生活了，比人类朋友还早。

终于轮到我了，我是大耳朵、长鼻子的小象。我是小伙伴们的游戏宝库，就数我点子最多，快来找我玩吧！

目 录
CONTENTS

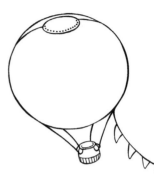

火神的作坊——火山

不同寻常的山

国庆长假后，猫头鹰老师让大家分享假期的收获。大熊猫向大家展示了一张阿贡山的照片，这是在巴厘岛旅游时拍摄的。猫头鹰老师说，它跟北京的香山这类常见的山不一样，是一座火山。

观察这座山，说一说它哪里不同寻常。

从这张地图上看，印度尼西亚在中国的_____面，阿贡山位于巴厘岛的_____部。

A. 北　　B. 南　　C. 东　　D. 西

古罗马人把这种山看作火神伏尔甘（拉丁语：Vulcānus）的冶炼作坊。一旦喷发，他们就说"火神正在为战神马尔斯打造兵器"，还用"伏尔甘"给它们命名。火山的英文名 Volcano，就是从"伏尔甘"变化而来的。

有嘴巴、食管和胃的山

考察火山的科学家从未遇见罗马人的火神，不过他们研究了火山内部的结构。原来，除了外表的山体，它还有**火山口**、**火山通道**和在地下储存岩浆的**岩浆房**，就跟人体有嘴巴、食管和胃一样。不过，人的这套系统是为了吃进东西准备的，火山的系统则是为了把东西"吐"出来。

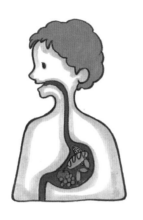

火山灰云

标上名字，快去帮帮他！

小步要给火山各个部分

熔化的岩石，藏在地下时叫"**岩浆**"，如果喷出地面就要改名叫"**熔岩**"。标序号的几处，流淌的是岩浆还是熔岩呢？

① _____ ② _____

③ _____ ④ _____

岩浆在喷发之前，要先在岩浆房里"集结成军"，积攒力量。等到有足够多的"战友"、合适的温度和压力，才能冲出地面。

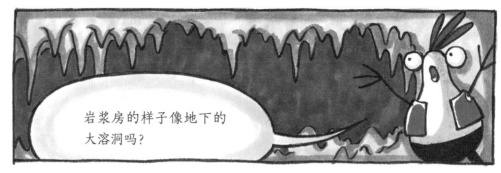

岩浆房的样子像地下的大溶洞吗？

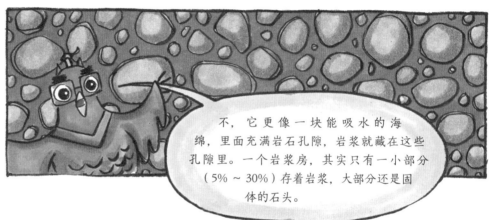

不，它更像一块能吸水的海绵，里面充满岩石孔隙，岩浆就藏在这些孔隙里。一个岩浆房，其实只有一小部分（5% ~ 30%）存着岩浆，大部分还是固体的石头。

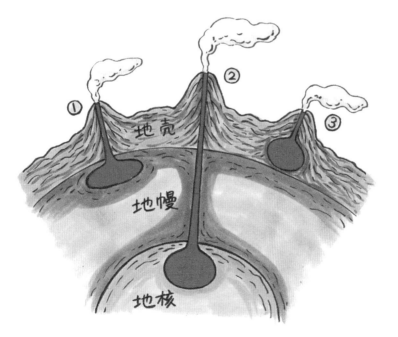

地壳

地幔

地核

岩浆房位于地下 2~30 千米的深度。仔细观察，左边哪一座火山的岩浆房位置可能画错了？（提示：地幔大约 2900 千米厚，地壳的平均厚度为 17 千米。）

岩浆房上面通往火山口的部分，是**火山通道**。岩浆喷发后，有时会阻塞火山通道；有时会缩回地内，留下空空的管道。如果你有机会去冰岛，可以坐电梯进入斯里赫尼卡居尔火山（可以翻到第 31 页找到它的位置），看一看它粗糙的管道，听说那里的空间足够装得下美国的自由女神像。

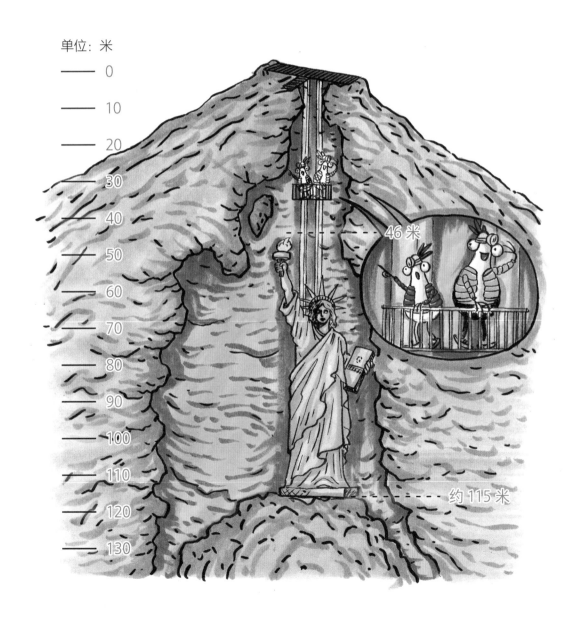

单位：米

0
10
20
30
40
50
60
70
80
90
100
110
120
130

46 米

约 115 米

没有火，也没有山！

如果火山是餐馆里的一道菜，你可以这样点："老板，来盘火山，不要火，也不要山！"

别被火山的名字误导了，火山其实并不喷火，它喷出的是地下熔化的岩石，也就是岩浆。岩浆像炼钢炉里的铁水，又烫又黏，温度常有900℃～1200℃呢。沸腾的水，也才100℃而已，要是不小心落入岩浆中，那就大事不妙啦。

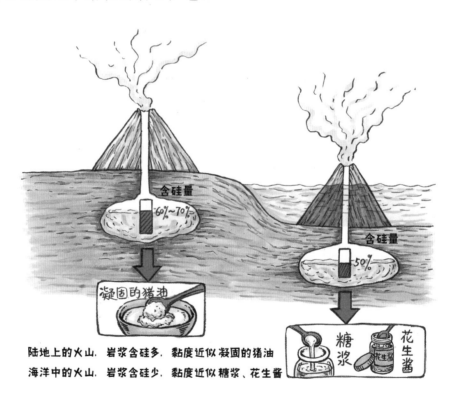

含硅量
-60%～70%

凝固的猪油

含硅量
-50%

糖浆

花生酱

陆地上的火山，岩浆含硅多，黏度近似凝固的猪油
海洋中的火山，岩浆含硅少，黏度近似糖浆、花生酱

硅是沙子的主要成分，含硅越多，岩浆越黏，气体越难散出。一旦气体在岩浆里聚集，就容易发生爆炸。观察这幅图，一般更加黏稠、流动性差的是____下的岩浆；容易发生爆炸的是____的火山。

A.陆地　　　　B.海底

岩浆也不都是红色的。比如，非洲东部的伦盖火山，喷出的是像石油一样黑的岩浆。因为这种岩浆温度只有普通岩浆的一半，没有足够的能量发出白天可见的红光。人们只能在晚上看到它的暗红色。

除了常见的圆锥形，火山还有盾牌形的、塔形的，有时像个碗口，有时连山体都没有，就只是地上一条长长的裂缝……火山的不同身形，多半和岩浆的温度、黏稠度有关。

圆锥形

盾牌形

塔形

碗口形

裂缝形

17

爱发脾气的火山

如果形容一个人的性子像火山一样，那么这个人的脾气一定不太好。因为火山喜欢"任性妄为"，说爆就爆。

有的火山，会突然从农田里"长"出来。1943年，在墨西哥一个村庄的玉米地里，大地突然裂开2米多宽的缝隙，从中冒出有臭鸡蛋味儿的浓烟，然后一座火山拔地而起，它就是帕里库廷火山。

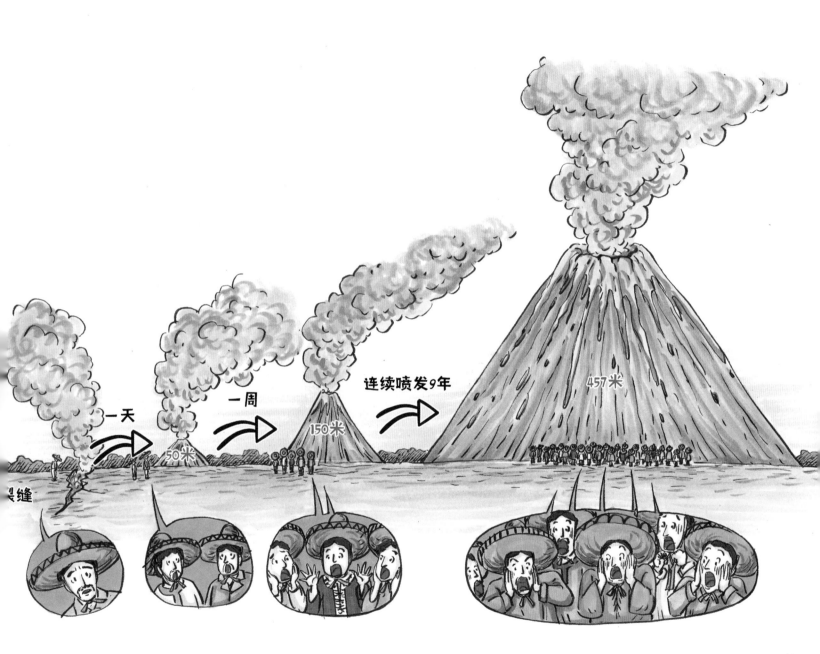

有的火山发作起来，连自己都不放过，印度尼西亚的**喀拉喀托火山**就是这样的"狠角色"。1883年，这座火山发生大爆炸，声音比原子弹爆炸还要响，假如发生在北京，那么西藏拉萨的居民都能听得一清二楚。在这次喷发中，火山的山体几乎消失了，而且这大概不是它第一次炸毁自己。

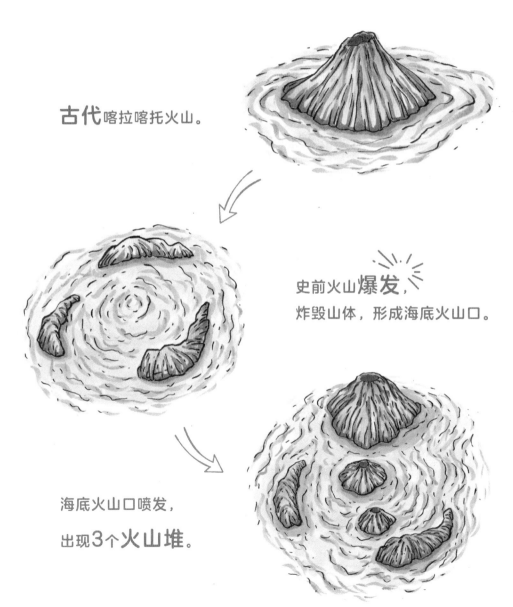

古代喀拉喀托火山。

史前火山**爆发**，
炸毁山体，形成海底火山口。

海底火山口喷发，
出现3个**火山堆**。

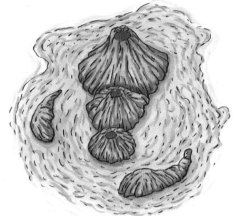

3个火山堆逐渐**合并**，
形成新的喀拉喀托岛。

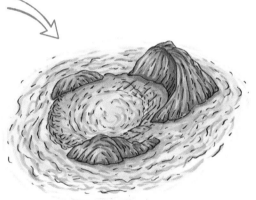

1883年，
喀拉喀托火山再次**爆发**，
岛屿的2/3被毁。

1927年，从海底火山口
冒出了一座新火山，
人们叫它 "阿纳喀拉喀托"，
意思是 **"喀拉喀托的儿子"**。

人们总结了火山发脾气的历史，把它们粗略分成"活火山"和"死火山"。不过，"死火山"并不是真的死了，有时一场大地震会让它的岩浆房恢复活力，再次喷发。

活火山

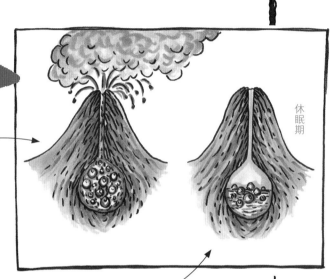

休眠期

经常或周期性喷发。

曾经喷发过，至今再未喷发，具有活性的岩浆房。

死火山

史前喷发过，至今再未喷发，岩浆房失去活性。

火山的分布

火山看似神出鬼没，脾气捉摸不定，其实它们也是要守规矩的。猫头鹰老师展示了一张火山分布图（见下一页），让大家找找火山出没的规律。其中，红点代表火山，箭头指示板块运动的方向。

小步发现，火山主要出现在＿＿＿＿。

A. 大陆中央　　B. 板块边缘

C. 板块中央

在＿＿＿＿的边缘，火山分布最集中。

A. 北冰洋　　B. 印度洋

C. 大西洋　　D. 太平洋

全球火山分布图

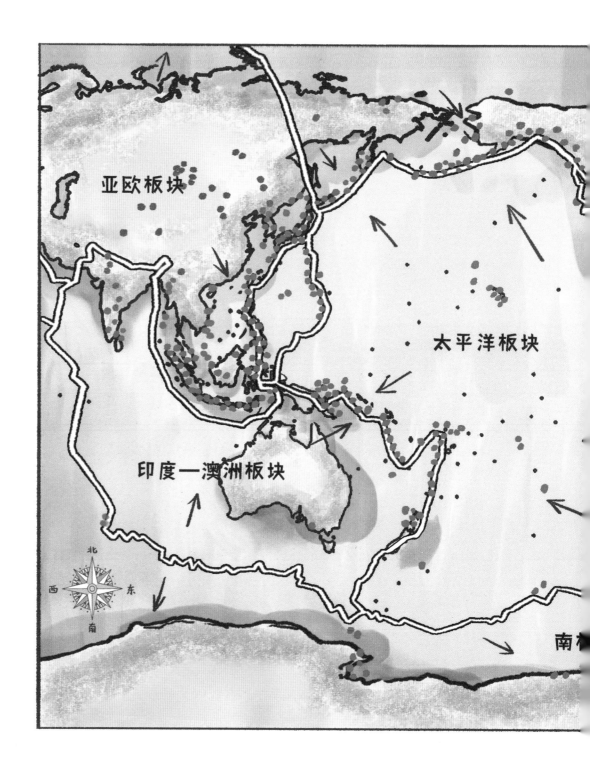

亚欧板块

太平洋板块

印度—澳洲板块

北
西 东
南

南木

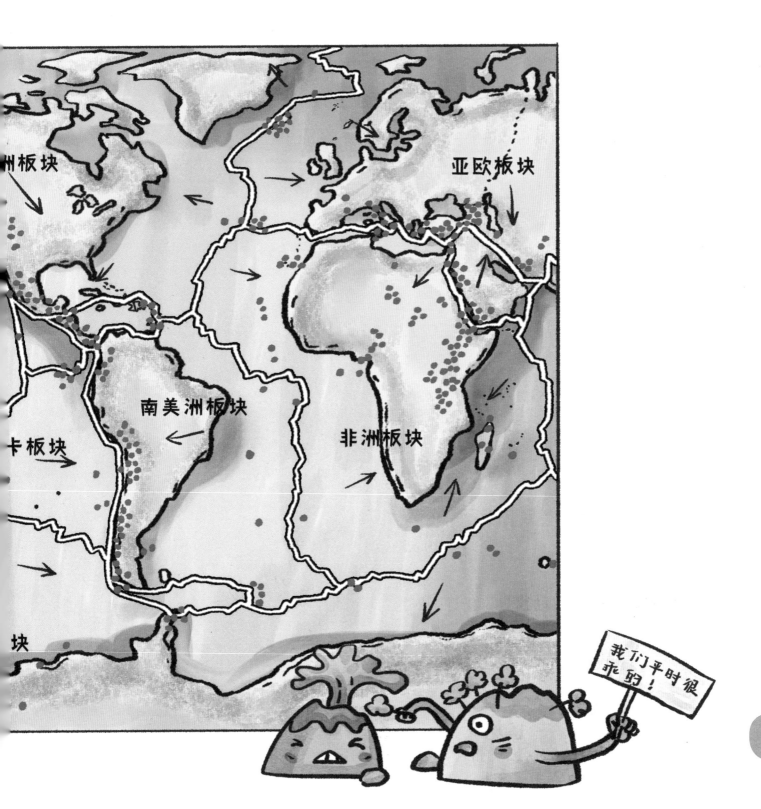

还记得地幔对流吗？它能让板块聚在一起，也能将板块拉开。这种"汇聚"和"分离"，使板块边缘形成了两种不同类型的火山。

两个板块汇聚时：薄板块会斜插到厚板块下方。接着，薄板块会被地幔的高温熔化，产生岩浆。岩浆上涌到厚板块表面，就鼓出火山来了。

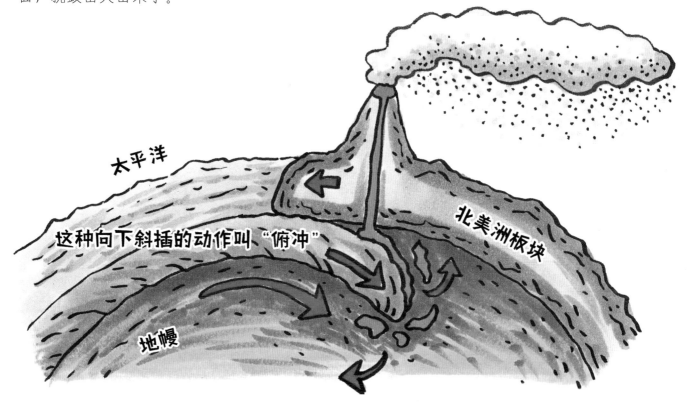

太平洋

这种向下斜插的动作叫"俯冲"

北美洲板块

地幔

太平洋边缘的火山，大部分是由两个板块相撞形成的。全世界80%的活火山分布在太平洋四周，它们仿佛连成一条和赤道差不多长的"火环"。找到这条火环，给它涂上红色吧!

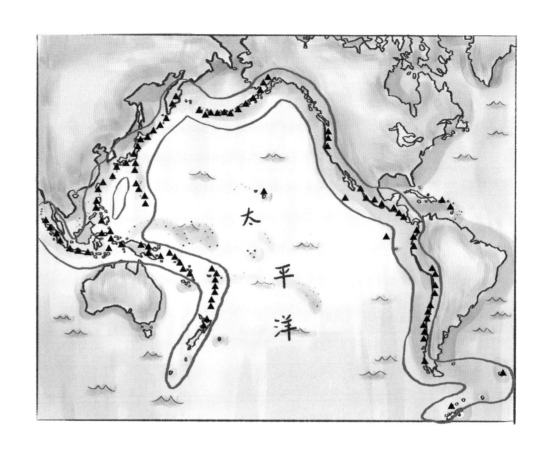

太平洋

两个板块分离时：

熔化的地幔岩流会沿着裂缝喷出，形成火山和一条条长长的山脊。这样的山脊一般靠近大洋中部，被称为"**洋中脊**"。火山坐落在洋中脊上，像串好的珍珠项链。

地幔

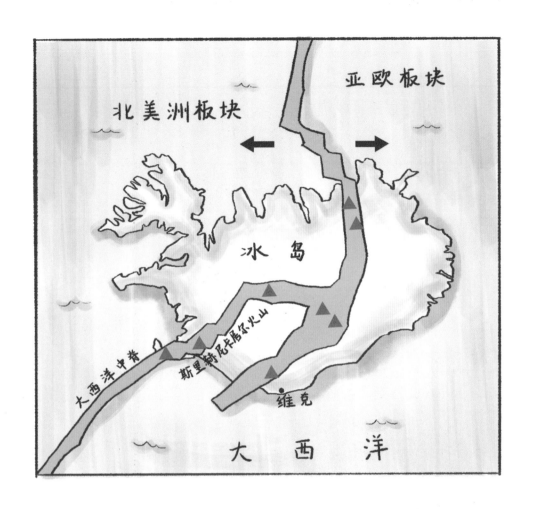

火山喷发能使洋中脊的一部分越来越高，露出海面形成岛屿，就像欧洲的冰岛。这座岛因岩浆喷发形成，上面覆盖着很多冰川，是个冰火交融的地方。

从图上看，冰岛位于_____中脊上，在_____板块和_____板块的分离线上。

猜猜看，假如海面高度不变，未来冰岛的面积会变大还是缩小？_____

火山是冰岛的设计师，既建造它，也打扮它。例如，它能用熔岩颗粒堆积出黑色的沙滩；让突然冷却的热岩浆形成壮观的六边形石柱——边缘整齐，形状规则，像是比着尺子和铅垂线刻出来的。等你长大了，可以去冰岛南部的维克小镇，看看这些巧妙的"设计"。

认真仔细的小步发现，在火山的分布图上，有些火山离板块边缘很远，它们是怎么形成的呢？

原来，地幔深处受热不均匀，局部温度极高的地方，会涌出一股柱子状的物质流。这些**大热柱**能直穿地幔，在地表形成火山活动。最小的热柱，直径也有上海市东西方向那么宽（100千米），不过对整个地球来说，仍细得像根针。

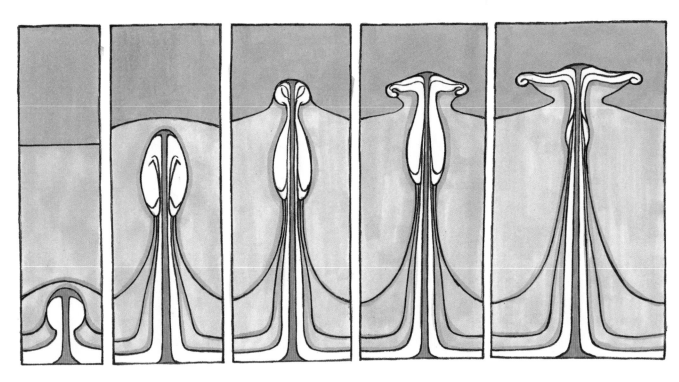

热柱固定在地幔某处，并不随板块一起移动。当板块"漂移"时，有的热柱能在薄薄的板块上钻出一排火山来，太平洋上**夏威夷的火山群岛**就是这样形成的。

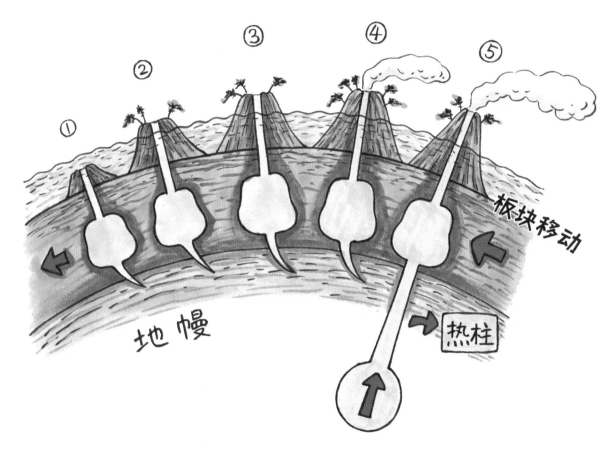

地幔

板块移动

热柱

推测一下，这些火山岛中，哪一座年龄最大？

_____

其中，_____可能是死火山，_____是活火山。

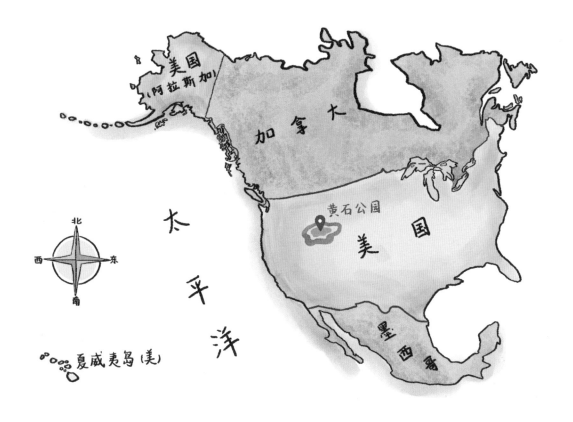

美国
（阿拉斯加）

加拿大

黄石公园

美国

墨西哥

北
西　东
南

太平洋

夏威夷岛（美）

美国的西北部有一个名叫"黄石"的公园，因为这里冒出的温泉含有许多硫黄，会把石头染成黄色，所以才得了这样一个名字。黄石公园内遍布湖泊、河流、森林和温泉，奔跑着自由自在的野牛、羚羊、驼鹿等野生动物，简直是个动物乐园。

你一定想不到，建造这个乐园的，竟是一座由地幔热柱形成的超级火山，它的火山口在公园内偏西南的位置，大概有1/4个北京那么大。

33

猫头鹰老师想给大家展示黄石公园是如何形成的，可他弄乱了图片，你能帮他整理好吗？先后顺序是：＿＿＿ ＿＿＿ ＿＿＿ ＿＿＿ ①

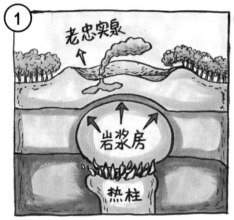

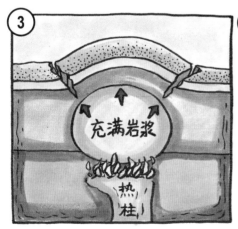

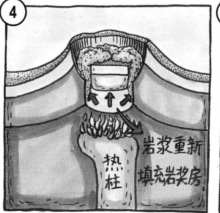

大熊猫找来一张黄石公园的地图，他发现这个公园的观光路线很容易记住，因为它的形状很像_____。

A. 字母"S"   B. 数字"8"

C. "井"字   D. 字母"H"

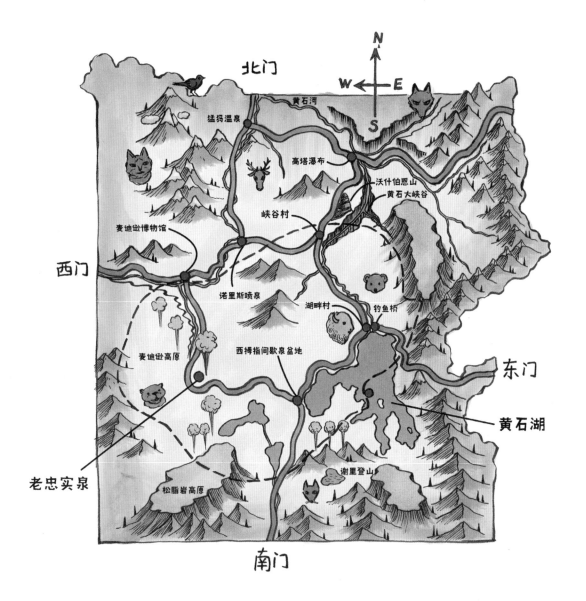

你认识下面这些地貌吗？试着连线找到它们各自的名字吧！其中，能在黄石公园里找到的是_____。

山

高原

盆地

峡谷

河谷

火山口在公园中央形成一个近乎椭圆的凹地，把它找出来吧！

根据这幅地图，判断3个小伙伴说的是对的（在括号中打"√"）还是错的（在括号中打"×"）。

小步：老忠实泉位于火山口内。　　　（　　）

考拉：整个黄石公园就是一个大火山口。（　　）

大熊猫：黄石湖全部位于火山口内。　（　　）

黄石公园里有一种奇特的温泉，它们总是喷一会儿就要休息一下，被称为"间歇泉"。这些本来在地下的泉水，被岩浆的热量煮沸后，会产生巨大的压力，使蒸汽和水柱从地缝里喷出。这就跟蒸汽从高压锅的气孔里喷出是差不多的原理。黄石最有名的间歇泉是老忠实泉（Old Faithful）。

地幔热柱的威力还不仅于此。地质学家发现，从地幔和地核的边缘能生出超级热柱。除了在地表上烧出许多窟窿来，它能让完整的大陆碎裂。和小步一起做个小实验，你就明白啦！

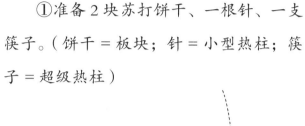

①准备2块苏打饼干、一根针、一支筷子。（饼干＝板块；针＝小型热柱；筷子＝超级热柱）

②用针去戳其中一块饼干，饼干会被戳出一个洞来。

③用筷子去捅另一块饼干，这块饼干会破碎成几块。

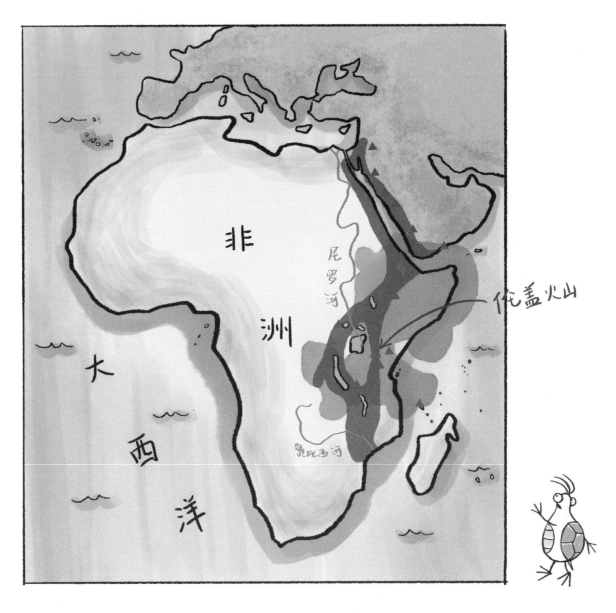

非洲

大西洋

尼罗河

赞比西河

伦盖火山

非洲东部下方，就有这样一个超级地幔热柱，它像筷子一样向上戳着非洲这块"饼干"，使大陆东部裂开一条 6000 千米长的伤口，十几座活火山（包括伦盖火山）分布其上。未来，这条裂口会彻底断开，从中生出新的海洋。地理学家猜测，最初裂解盘古大陆的力量可能就来自超级热柱。

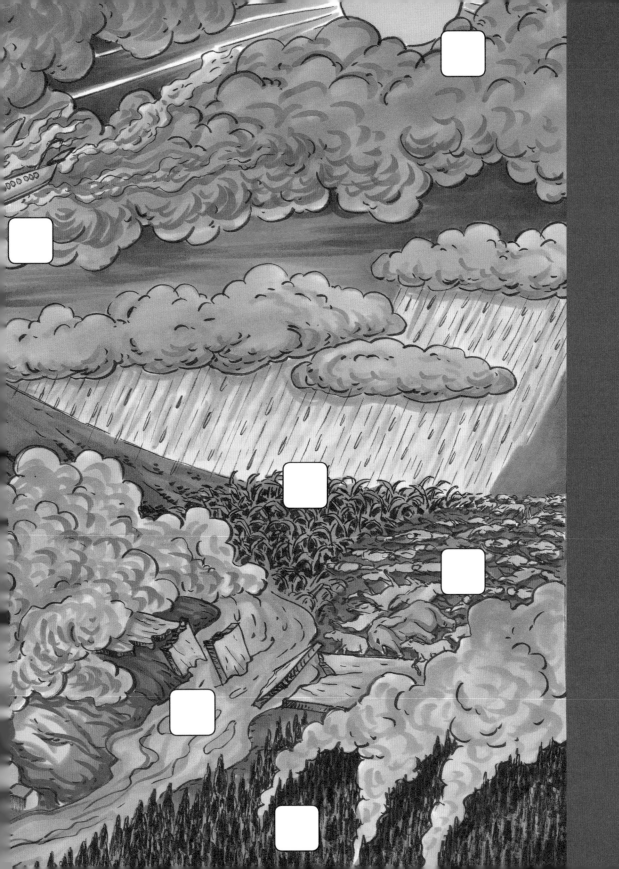

火山的危害

火山能喷发几天、几个月，甚至几年，给动物和植物带来许多危害。你听说过下面这些火山灾害吗？试着在上页的图上找到它们吧！

①熔岩烧毁房屋。

②火山碎屑流淹没森林。

③冰雪融化与火山碎屑形成泥石流，冲毁道路、桥梁。

④含硫气体形成酸雨，使庄稼枯萎死亡。

⑤火山灰阻塞飞机发动机的零部件，使飞机坠落。

⑥释放有毒气体，使人和动物死亡。

⑦大量火山灰进入高空，遮挡阳光，使气温降低。

遇到火山爆发怎么办？

虽然人们对火山进行了很多研究，但还是不能像天气预报那样，预测它爆发的时间。如果你住的地方或度假的地方恰好有座火山，下面几条建议或许对你有用。

看到火山突然冒烟、周围频繁震动，要准备随时撤离，因为这表示火山可能进入喷发的危险期。

出门前，换上长袖衣服和长裤，戴好头盔和护目镜。

一旦火山喷发，尽量根据当地政府的指示疏散，以躲开熔岩和火山碎屑流。

出门时，戴口罩或用湿布捂住口鼻，以防吸入细小的火山灰。

⑤ 别去火山顺风的地方，那里有滚烫的火山灰。

⑥ 如果房屋没有烧毁或坍塌的危险，待在室内更安全。

猫头鹰老师说，大熊猫照片上的阿贡山可能有爆发的危险，你知道为什么吗？

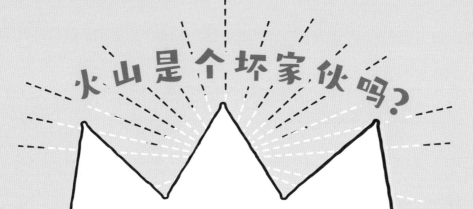

火山是个坏家伙吗？

火山这么危险，仍有许多人住在它附近，像阿贡山所在的巴厘岛，就住着 300 多万人呢。这么说来，火山一定做过很多好事，使人们心甘情愿地留下来，快去下页的图上找一找吧！

_____火山地热可以发电、取暖。

_____岩浆能加热地下水，形成温泉。

_____火山灰里有很多磷和钾，能给土地"施肥"，让庄稼茁壮成长。

_____岩浆把地幔中形成的钻石，地下深处的金、铜、铁、铅、锌等金属带到地表。

答案
ANSWERS

第10页

阿贡山是一座能冒烟的山。

第11页

B C

第13页

火山灰云

火山口

火山通道

岩浆房

①③是岩浆，②④是熔岩。

第14页

②的岩浆房画错了。

第16页

A A

第23页

B D

第28页

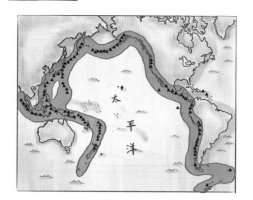

太平洋

第 29 页

大西洋　北美洲　亚欧
变大

第 32 页

①年龄最大
①②③是死火山
④⑤是活火山

第 34 页

③　②　⑤　④

第 35 页

B

第 36 页

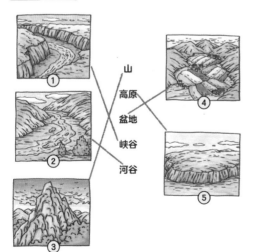

山
高原
盆地
峡谷
河谷

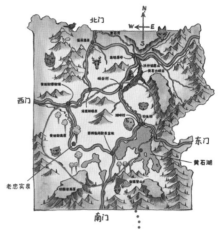

这条虚线圈出来的范围就是火山口

√　×　×

第 40、41 页

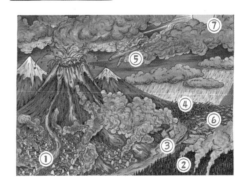

第 44 页

因为阿贡山已经开始冒烟了。

第 45 页

④　①　②　③

审图号:GS（2022）2722号

此书中第11、24、25、28、29、33、39、48、49页地图已经过审核。

图书在版编目（CIP）数据

这就是火山 / 郑利强主编；蔡志燕著；段虹，梁顺子，杨洁绘. —— 北京：电子工业出版社,2022.6

（有趣的地理知识又增加了）

ISBN 978-7-121-42985-9

Ⅰ.①这… Ⅱ.①郑… ②蔡… ③段… ④梁… ⑤杨… Ⅲ.①火山 - 少儿读物 Ⅳ.①P317-49

中国版本图书馆CIP数据核字（2022）第032367号

责任编辑： 季　萌
文字编辑： 邢泽霖
印　　刷： 北京利丰雅高长城印刷有限公司
装　　订： 北京利丰雅高长城印刷有限公司
出版发行： 电子工业出版社
　　　　　 北京市海淀区万寿路173信箱 邮编：100036
开　　本： 889×1194　1/12　印张：42　字数：213.6千字
版　　次： 2022年6月第1版
印　　次： 2025年2月第3次印刷
定　　价： 198.00元（全8册）

凡所购买电子工业出版社图书有缺损问题，请向购买书店调换。若书店售缺，请与本社发行部联系，联系及邮购电话：（010）88254888，88258888。

质量投诉请发邮件至zlts@phei.com.cn，盗版侵权举报请发邮件至dbqq@phei.com.cn。

本书咨询联系方式：（010）88254161转1860，jimeng@phei.com.cn。